いきもの ビックリ仰天クイズ

クイズ作成・解説：篠原かをり

イラストレーション：田中チズコ

文藝春秋

もくじ

動物園

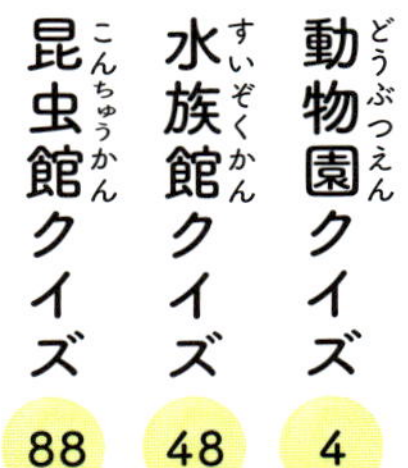

いきもの索引

このいきもののクイズは
このページにのっているよ！

昆虫館

水族館

動物園クイズ
「いりぐち」から
スタートしてどっちに
進めば「でぐち」に
ゴールできるかな?
迷路にチャレンジ
してみてね!
おみやげ
どうぶつえん
いりぐち
答えは90ページ

レストラン
どうぶつえん
でぐち

みなさん、こんにちは。
わしは、いきものについて
研究しているフムフム博士じゃ。
今日は助手のQ太くんと
動物園にやってきたぞ。

みなさん、こんにちは。
博士の研究をお手伝いしているQ太です。
これから動物園をめぐりながら、
動物にかんするクイズを
博士に出題してもらうよ。
ぼくと一緒に答えを考えよう！

問題1
キリンはどんな鳴き方をするでしょう？

答え

モー

ライオンは「ガオー」。ゾウは「パオーン」。しかし同じく動物園の人気者であるキリンが、どんな鳴き方をするのか知っている人は少ないでしょう。

なぜならキリンは、たまにしか鳴かないからです。録音に成功した際にはニュースにもとり上げられました。

キリンはウシに近い仲間なので鳴き声が似ているのかもしれません。

ちなみにキリンは、寂しいときに鳴くそうです。

アミメキリン

大きさ・体長5m前後、体重はメスが550kg、オスは900kgほど。

好物・アカシアの木の葉。枝に鋭いトゲがあるが、長い舌で器用に葉だけを巻きとって食べる。

豆知識・野生のキリンは、基本的には立ったまま眠り、深い睡眠につくのは1日たったの20分！

問題2

ゾウの耳はなぜ大きいのでしょう？

答え
暑さを調節するため

ゾウは暑い地域に住んでいるので大きな耳をパタパタと動かして熱を逃がします。太い血管が張りめぐらされた耳を空気にあてて血液を冷やしているのです。

ほとんどの動物は、人間のようにたくさん汗をかくことができないので、耳をパタパタさせて体温を調節します。

ウサギやキツネなどの動物も、暑い地域にいる種類ほど耳が大きくなることが多いといわれています。

アフリカゾウ

大きさ・オスは体高 3.3m、体重 5000〜7000kgほど。メスは体高 2.8m、体重 3000kgほど。

好物・草、木、果物、野菜などを1日200〜300kgも食べる。

豆知識・1個約2kgもあるフンを1回に5〜6個も出す。

問題3

次のうち、毛を剃っても白黒の動物はどれでしょう？

①パンダ

②シマウマ

③ウシ
（ホルスタイン）

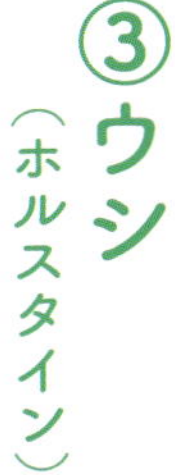

答え

③ ウシ（ホルスタイン）

パンダは生まれたときはピンク色をしています。つまり、白黒の毛を剃った下の皮膚はピンク色です。ちなみにパンダの尻尾は、絵では黒色に塗られることが多いですが、実は白色をしています。

シマウマの皮膚は黒でも白でもなく、グレーです。

ウシは黒い毛の下の皮膚は黒く、白い毛の下の皮膚は白いので、剃っても模様が変わりません。

ウシ（ホルスタイン）

大きさ・体長は170cm、体重は600〜700kgほど。

好物・干し草、稲ワラなど。一度食べたものを吐き戻してまた噛み直して再び飲み込む「反すう」という行為をする。

豆知識・1日で200mlの牛乳ビン150〜300本分ものミルクを出す。

問題4

カバの汗には
人間が夏に使う
あるものと同じ効果があります。
それはなんでしょう？

ふう〜
暑い

答え 日焼け止め

カバには汗の出る「汗腺」がないので、正確には人間がかく汗とは違います。カバの汗は赤色をしているため「血の汗をかく」と勘違いされることもありますが、これは血ではなく、皮膚を守るために出される液体なのです。

この液体には、細菌の感染を抑える抗菌効果と、日焼けの原因となる「紫外線」を吸収する効果があります。

カバの汗は手洗いと日焼け止めを同時にできる優れものというわけです。

カバ

大きさ・体長3.5～5m、体重は2000～3500kgほど。

好物・イネ科の草。たまに小動物も食べる。

豆知識・巨大な口は150～180度開く。縄張りを主張するため、お尻を振ってフンをまき散らす「まきフン」という行為をする。

問題5

ホッキョクグマは狩りのときに体のある部分を隠します。それはどこでしょう？

ホッキョクグマは、海面に顔を出したアザラシを獲物にします。ホッキョクグマの毛皮は白く見えるので（本当の毛の色は透明）、彼らの暮らす雪と氷しかない真っ白な世界で上手に身を隠すことができるのですが、黒い鼻だけはどうしても目立ってしまいます。

そのためホッキョクグマは、アザラシに見つからないように黒い鼻を自分の前足で隠しながら、獲物に近づいていくそうです。

ホッキョクグマ

大きさ・オスの体長は2.4～3m、体重は400～600kgほど。メスは体長1.8～2.4m、体重200～350kgほど。

好物・アザラシ。魚、鳥、セイウチなど。

豆知識・白く見える毛の下の地肌は、実は黒い。黒いことで、太陽の熱を効率よく吸収できる。

問題6

ライオンとトラの子どもが生まれたことがある。○か×か？

答え

○

住んでいる場所や体の大きさが違うため、自然界にいるライオンとトラの子どもが生まれたことはありませんが、人間に育てられたライオンとトラの間に子どもが生まれたことはあります。

ライオンのお父さんとトラのお母さんの間に生まれた子どもは「ライガー」、トラのお父さんとライオンのお母さんの間に生まれた子どもは「タイゴン」と呼ばれます。ライガーとライオンの子どもは「ライライガー」です。

ライガー

大きさ・親たちの2倍くらい大きく成長し、体長3m、体重400kgほどになる場合も。
好物・肉。アメリカのマートルビーチサファリに住むライガーのヘラクレスくんは1日9～11kgの肉を食べる。
豆知識・父がトラで母がライオンの「タイゴン」はライガーとは逆に小型化する。

問題7
なぜ動物園のゴリラはうんこを投げるのでしょう？

答え 人間が嫌がる様子が楽しいから 投げたときに

動物園のゴリラはやることがないので退屈しています。そんなとき、ふと思いついてうんこを投げてみたら、お客さんが「ワー！」「キャー！」とさわいで逃げて楽しかったので、投げ始めたのではないかと考えられています。

ほかの動物園からやってきた仲間の真似をして投げ出すようになったゴリラもいるそうです。

自然界にいる野生のゴリラはうんこを投げたりしません。

ニシローランドゴリラ

大きさ・オスは体長175cm、体重140〜200kgほど。メスは体長155cm、体重70〜100kgほど。

好物・タケノコ、セロリ、甘い果実など。アリも食べる。

豆知識・ニシローランドゴリラの血液型はみんなB型。

問題8

実はレッサーパンダはパンダより先に発見された。○か×か？

どちらもかわいくて好きじゃ

パンダと聞いてレッサーパンダを思い浮かべる人はまずいないと思いますが、実は発見されたのはレッサーパンダの方が先なのです（レッサーパンダは1825年、パンダは1869年）。

当時はレッサーパンダが単にパンダと呼ばれていました。レッサーには「小さい方の」という意味があります。

レッサーパンダは、パンダと近い仲間ではなく、どちらかといえば、スカンクやアライグマに近い仲間です。

シセンレッサーパンダ

大きさ・体長50〜60cm、体重3〜6kgほど。

好物・パンダと同じで笹が好き。タケノコ、木の実なども食べる。

豆知識・立つことで有名になった風太くん以外のレッサーパンダもみんな直立できる。立つのは、体を大きく見せて敵をびっくりさせるため。

問題9

カンガルーの誕生日は
生まれた日ではありません。
さて、どんな日でしょう？

答え　お母さんの袋から顔を出した日

カンガルーの赤ちゃんはわずか2センチほどの小さな虫のような姿で生まれてきます。なので、生まれてきた瞬間に飼育員さんが「誕生した！」と気づくことが難しいのです。赤ちゃんは生まれてすぐにお母さんのお腹をよじ登り、袋の中に入ります。その時間わずか10秒。袋の中でお乳を飲んで成長し、2〜3カ月経つと袋から顔を出します。動物園ではその日を誕生日ということにしています。

アカカンガルー

大きさ・体長130〜160cmほど、体重80kgほど。

好物・草、木の葉、花びらなど。

豆知識・後ろに跳ぶことができない。前進あるのみ！

問題10

フラミンゴの羽の赤い色は何によって作られているでしょう？

①エサ
②血液
③温度

ピンクや赤の羽毛が美しいフラミンゴは、実は子どものときは灰色をしています。成長していく過程で、エサとなる藍藻類に含まれる赤い色素が体に蓄えられてピンク色になるのです。

動物園のフラミンゴは、赤い色素を加えたエサを与えて、羽の色をきれいなピンク色にしています。また、色素を定期的にとらないと色が抜けてきて白くなってしまいます。色が抜けたフラミンゴはモテないそうです。

ベニイロフラミンゴ

大きさ・体長110〜160cm、体重2.5kg前後。

好物・藍藻類（コケに似た細菌の一種。ドロッとしている）。

豆知識・片足で立つ理由として「足が冷えるので、片足ずつ体につけて交互に温めている」という説がある。

問題11

ラクダのコブの中には何が入っているでしょう？

コブの中に脂肪が入っているといっても、太って贅肉がついているわけではありません。
ラクダは、エサの少ない砂漠を生き抜くために、コブの中に栄養を溜め込んでいるのです。
長旅で何日もエサを食べないでいると、コブはしぼんでいきます。
また、コブには、〝背中に当たる日光をさえぎることで、体温が上がるのを防ぐ〟という役目もあるそうです。

フタコブラクダ

大きさ・体長3m前後、体重450〜650kgほど。
好物・木の葉や草など。ウシと同じく「反すう」をする。
豆知識・砂漠には水が少ないため、血液の中に溜め込んだ水を吸収して生きることができる。

問題12

ウシが好きな音楽はなんでしょう？

①クラシック

②デスメタル

③ヒップホップ

答え ①クラシック

ウシにクラシックなどゆったりしたテンポの曲を聴かせると、乳の出がよくなるといわれています。

「ストレスを感じずに育ったウシはおいしくなる」ということで、モーツァルトを聴いて育ったウシだけを扱う焼肉屋さんもあるそうです。

音楽を聴く力は動物によって差があり、ネコはイヌより音楽に関心がなく、一番音楽を好むのは、やはり歌うように鳴く鳥類なのだとか。

ウシ（肉牛）

大きさ・体長150cm前後、体重650〜800kgほど。

好物・草、干し草など。エサによって牛肉の味が変わるといわれている。

豆知識・牛1頭からとれる食肉部位（精肉）は、体重の4割程度。

問題13

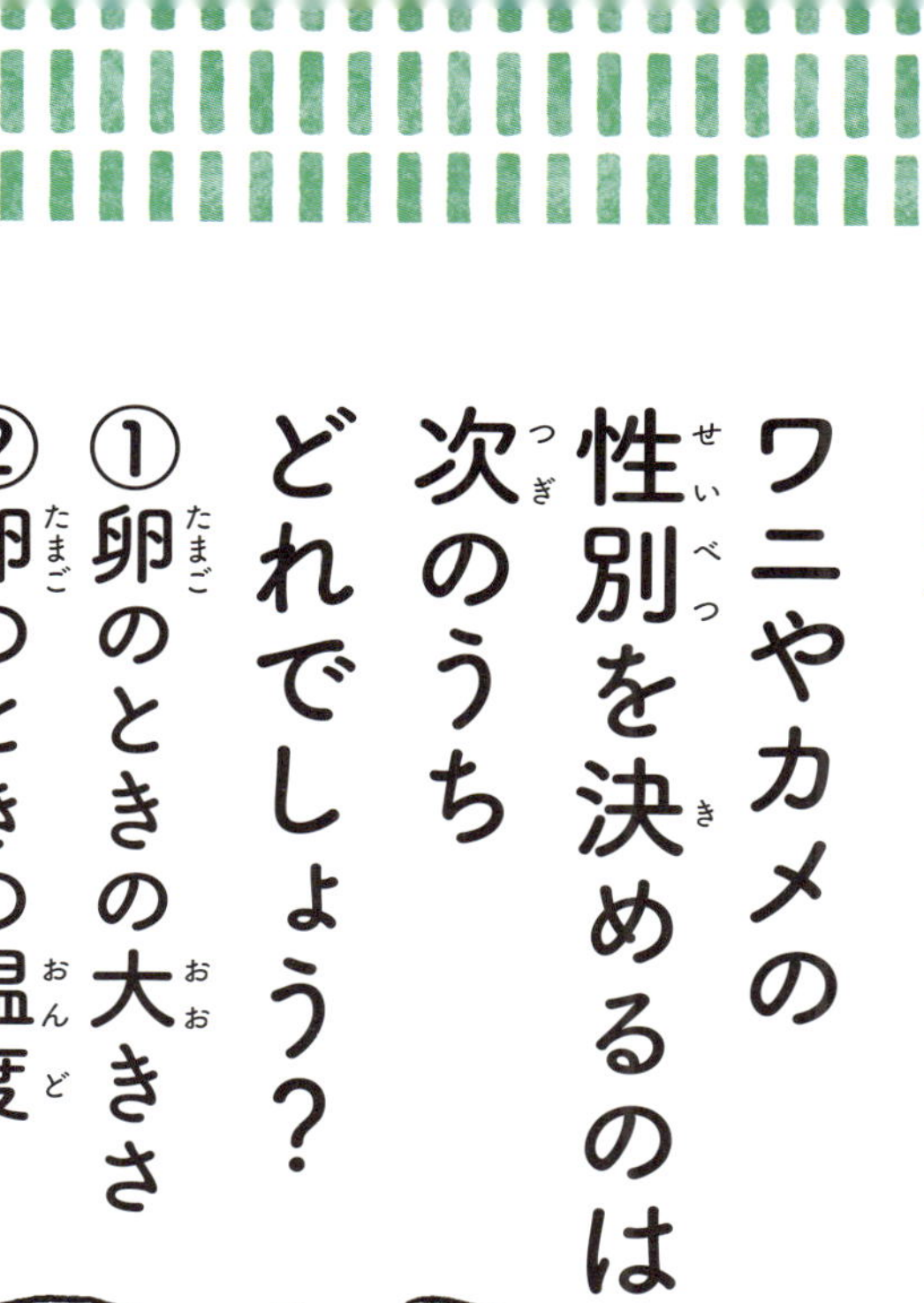

ワニやカメの性別を決めるのは次のうちどれでしょう？

①卵のときの大きさ
②卵のときの温度
③卵のときの湿度

答え
②卵のときの温度

ワニやカメは卵が産まれた時点では、性別が決まっていません。ワニは卵が育つときの温度が低温だとメス、高温だとオスになります。カメは逆に、低温の場合はオス、高温の場合はメスになります。「卵のときの周りの温度で性別が決まる」というのは爬虫類によく見られる特徴ですが、ヘビはそうではないようです。地球温暖化が進むと、ワニやカメの性別が偏ってしまうので絶滅が心配されています。

イリエワニ

大きさ・オスは全長5m、体重450kgほど。

好物・野生のワニは魚や水場に現れたいきもの。動物園のワニの主なエサは鶏肉。

豆知識・ワニの歯は、欠けたり抜けたりしても何度でも生え変わる。

問題14

バクのおしっこはどのくらい飛ぶでしょう？

①1メートル
②5メートル
③10メートル

バクはおしっこを後ろ向きに飛ばします。ほかにおしっこを後ろに飛ばす動物にはトラやサイがいます。おしっこを飛ばすことで縄張りをアピールしているのです。

5メートルも飛ぶので動物園などではお客さんにかかってしまうことも多いのだとか。縄張りのためなのでわざとかけている訳ではないのですが、けっこうくさいので、バクが後ろを向いたら要注意です。

マレーバク

大きさ・体長180～250cm 体重250～540kgほど。

好物・リンゴ、ニンジン、サツマイモ、葉っぱ。

豆知識・大人の色はパンダのような白と黒だが、子どものときはウリボウ（イノシシの子）のような斑点模様をしている。

問題15

スカンクも自分のおならはくさい。○か×か?

スカンクのおならのニオイはとても強く、なかなか消えません。なんと1キロ先からでもわかり、1カ月経っても消えないそうです。

命にかかわるほどくさいおならですが、スカンク自身は自分のおならのニオイが気にならないようで、仲間同士でおならをしてコミュニケーションをとることもあります。

しかも、オスのスカンクはおならがくさいほどモテるのだとか。

シマスカンク

大きさ・体長20～28cmほど、体重0.8～4kgほど。
好物・昆虫、ネズミ、葉や果実など。
豆知識・正確には「おなら」ではなく、肛門の両脇からくさい分泌液を出している。

問題16

オカピはどんな動物の仲間でしょう？

①シマウマ
②シカ
③キリン

オカピは足のシマ模様からシマウマの仲間だと思われていましたが、実はキリンの先祖に近い動物です。よく見るとキリンと同じ長い舌を持っていることがわかります。

とても珍しいいきもので、世界でも40頭ほどしか飼育されていません。日本では現在、3つの動物園（東京都恩賜上野動物園、よこはま動物園ズーラシア、横浜市立金沢動物園）で見ることができます。

オカピ

大きさ・体長2〜2.5m、体重200〜300kgほど。

好物・キリンと同じように木の葉や果実などを舌でからめとって食べるほか、地面の草も食べる。

豆知識・オカピの子どもは、お尻のシマ模様でお母さんを見分ける。

問題17

カワウソのフンにはある特徴があります。それはなんでしょう？

①ニオイがいい
②色がきれい
③形がかわいい

答え ①ニオイがいい

カワウソは自分のフンを使って縄張りをアピールします。フンのニオイは種類（コツメカワウソ、ビロードカワウソ、ユーラシアカワウソ、ビロードカワウソなどがいます）や個体で差はありますが、大抵、いいニオイで「ジャスミンティーのような香り」と表現されることも。
カワウソは家族の絆が強く、両親、姉妹、兄弟が協力して子育てをし、天敵に襲われても家族全員で立ち向かいます。

コツメカワウソ

大きさ・体長40～65㎝、体重3～6kgほど。
好物・野生の場合、魚など川に住むいきもの。動物園ではササミ、魚、キャットフードなど。
豆知識・エビやザリガニ、魚の骨もかみ砕くほどアゴの力が強い。

問題18

シロサイとクロサイの違いは色ではありません。では、その違いはどこでしょう？

答え 口の形

シロサイとクロサイはどちらも灰色の体をしていて、ほとんど色の違いがありません。見分けるポイントは口で、シロサイの口は幅が広く、クロサイの口は尖っています。口の幅が広いサイという意味で、英語で「ワイド（wide／広い）」といったのが「ホワイト（white／白）」と聞き間違えられたために「シロサイ」という名前がつき、シロサイでない方のサイを「クロサイ」と呼び始めたそうです。

シロサイ・クロサイ

大きさ・シロサイは体長3.5～4.2mで体重3500kg、クロサイは体長3～4mで体重1500～2200kgほど。
好物・木の葉や草など。
豆知識・サイのツノは髪の毛やツメと同じ「ケラチン」（タンパク質の一種）でできている。

問題19

クジャクはほとんどの動物が食べないであろういきものを食べることができます。それはなんでしょう？

答え 毒ヘビを持っていきもの
答え サソリや毒ヘビなど毒を持ったいきもの

クジャクはサソリや毒ヘビなどの毒がきかず、刺されたり咬まれたりしてもへっちゃらなので、好んでサソリや毒ヘビを食べます。

クジャクは、羽を広げた美しい姿と、毒を持つ危ないものを駆除してくれるというイメージから、いくつかの国では「神様」や「神の使い」として大切にされています。

鳴き声は甲高く、ネコの声やトランペットの音のようだといわれています。

インドクジャク

大きさ・メスは体長1mほどでオスは体長2mほど。体重は4〜6kg。

好物・昆虫、木の実、木の芽など。

豆知識・メスへのアピールに使われるオスのきれいな羽は、交尾や出産の季節を過ぎると抜け落ちてしまう。

問題20

タヌキの特技はなんでしょう？

①死んだふり
②ほかの動物の真似
③体を大きく見せる

答え ① 死んだふり

「狸寝入り」（都合が悪いときなどに寝たふりをすること）という言葉があるように、タヌキは死んだふりが得意です。昔の人は仕留めたと思ったタヌキが起き出して逃げていくのを見て、「だまされた！」と思っていました。しかし、実はわざとではなく、びっくりして気絶してしまっているのです。犬に吠えられては驚いて気絶し、鉄砲の音に驚いては気絶し……、タヌキって憎めない動物ですね。

ホンドタヌキ

大きさ・体長は50～60cm、体重３～10kgほど。

好物・木の実や昆虫、小動物などなんでも食べる。きつねうどんでおなじみの油揚げも大好き。

豆知識・トイレと決めた場所でフンをする「ためフン」という習性がある。

博士〜、動物たち、
かわいかったですね。

ふむふむ。読者のみなさんも動物の知識を身につけることができたかな？

ぼく、もっといきものクイズに挑戦したいです！

そうか、じゃあ次は
水族館へ行ってみよう。
出発じゃ〜！

水族館クイズ

答えは90ページ

Q太くん、水族館に到着したぞ。

うわー、お魚がいっぱいいますね！ おいしそう……。

こら！
食べるんじゃないぞ。

はーい。博士、水族館にいる、いきもののクイズを早く出してくださいよ！

よーし、
まかせておきなさい。

わーい！！

問題1

魚は目を開けたまま寝る。○か×か？

ぼー

答え ○

魚にはまぶたがないので、目を閉じることができません。

マグロやカツオなど泳ぐことを止めると死んでしまう魚は、ゆっくり泳ぎながら、右脳と左脳を交互に眠らせています。

昔の人は「魚は眠らない」と信じていたので、「眠気に負けないように」という願いを込めて、お坊さんがお経を読むときに叩く木魚を魚の形にしたのです。

魚の目

豆知識・マグロ、ブリ、サバ、サンマなど「背の青い魚」の目には、人間の目の疲れにきくビタミンB1、脳を元気にするDHA（ドコサヘキサエン酸）、大腸がんなどの予防に効果ありといわれるEPA（エイコサペンタエン酸）が多く含まれている。

問題2

食べさせるとおいしいウニに育つ野菜はなんでしょう？

答え キャベツ

野生のウニは主にワカメや昆布などの海藻を食べていますが、「身が少なくておいしくない」といわれていた種類のウニにキャベツを与えて育ててみたところ、甘くておいしいウニになったそうです。

ウニは見かけによらず、よく動くので、キャベツをとり合って食べるウニの姿をネット動画で見ることもできます。

ウニは、ニンジンやブロッコリーなども食べます。

ムラサキウニ

大きさ・からの直径が6cm前後で高さは3cm前後。

豆知識・人間が食べる部分は、オスは精巣、メスは卵巣。漢字では、生きているウニは「海栗」または「海胆」、食べるために加工されたものは「雲丹」と書く。

問題3

イカやタコの血は何色でしょう？

答え

青色

人間の血液には、生きるために必要な酸素を運んでくれる「ヘモグロビン」という赤色のタンパク質が含まれているので、赤く見えます。

タコやイカの血には人間とは違う「ヘモシアニン」という青色のタンパク質が含まれているので青く見えます。

このヘモシアニンは、酸素を運んでいないときには透明になります。だから、タコやイカのお刺身は青くないのです。

スルメイカ

大きさ・胴の長さ約30cm。
好物・小魚や小型甲殻類(オキアミ類など)。
豆知識・イカの寿命は1年ほど。

問題(もんだい)4

次(つぎ)のうち
本当(ほんとう)にいる
ウミウシはどれ？

①ドラエモンウミウシ
②ピカチュウウミウシ
③ジバニャンウミウシ

答え ②ピカチュウウミウシ

「ピカチュウウミウシ」は、正式には「ウデフリツノザヤウミウシ」という名前です。しかし、黄色い体と長い耳のような触角が「ポケモン」のピカチュウに似ていることから、こんな別名でも呼ばれているのです。

ウミウシは、変わった色や形をした種類が多いため、「イチゴミルクウミウシ」や「インターネットウミウシ」、「シンデレラウミウシ」などおもしろい名前を持つ仲間がたくさんいます。

ウデフリツノザヤウミウシ

大きさ・体長3cmほど。
好物・藻。
豆知識・インド洋、西太平洋、メキシコ湾の水深10m前後の砂底に住んでいる。1匹の体でオスの役割もメスの役割も両方できる「雌雄同体」。

問題5

ハリセンボンの針は
1000本より多い。
○か×か？

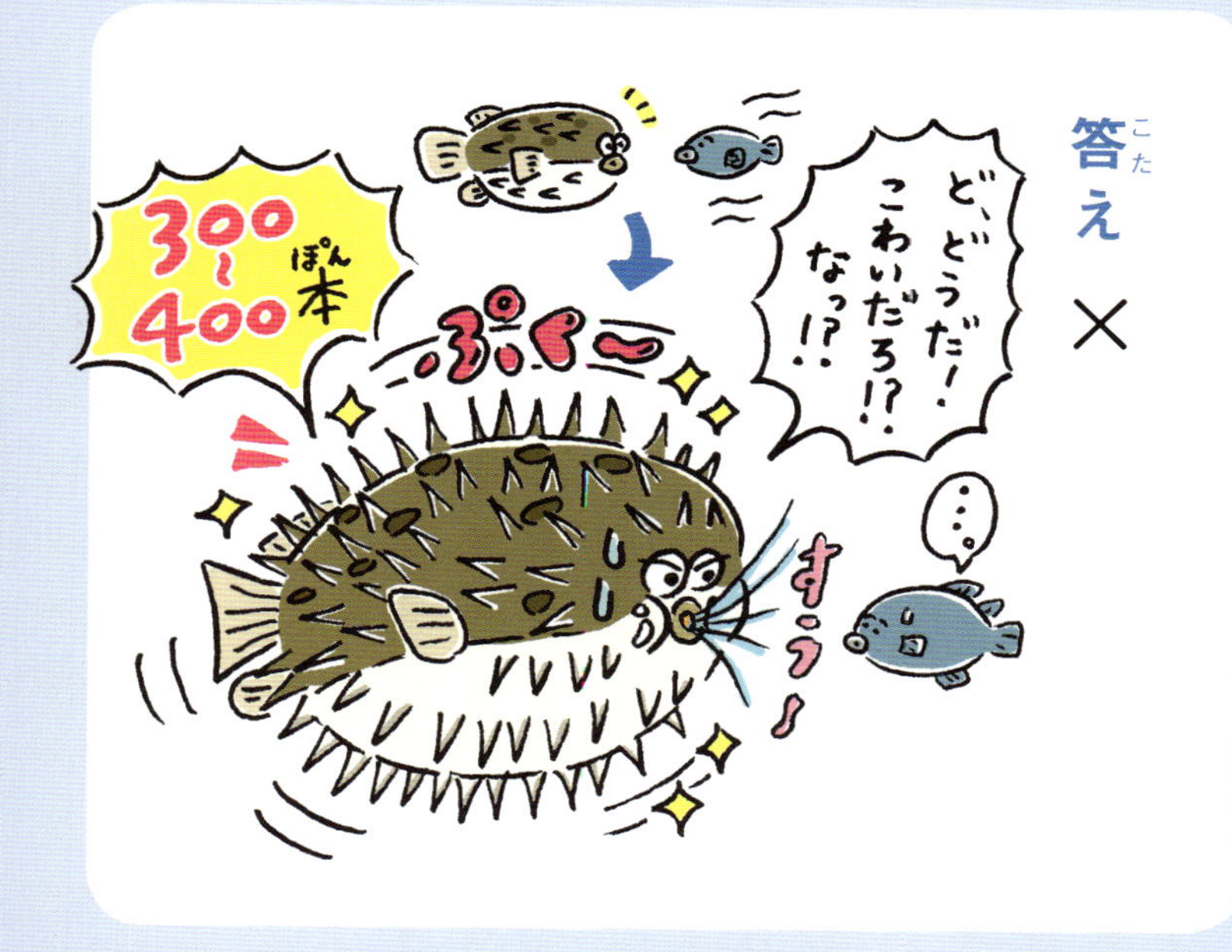

ハリセンボンの針は、実際には300本から400本しかありません。

この針はウロコが変化したもので、成長とともに長くなります。そのため、生まれたてのハリセンボンには針が見えません。

大人のハリセンボンも、普段は針をしまっていますが、敵をおどかすために胃に海水や空気を吸い込んで体を大きく膨らませると、針が立ち上がってトゲトゲのボディに変わるのです。

ハリセンボン

大きさ・全長40cm前後。
好物・貝類や甲殻類、ウニなど海底に住むいきもの。
豆知識・沖縄ではハリセンボンのことを「アバサー」と呼び、「アバサー汁」という名物料理がある。

問題(もんだい)6

ウナギの体(からだ)がヌルヌルしているのはなぜ？

答え

皮膚で呼吸をするため

ウナギは、エラから吸うよりも多くの酸素を皮膚からとり込むことができるので、少しの間であれば陸の上をはって移動することができます。

皮膚呼吸をするためには、体の表面に水分を保つ必要があるため、ヌルヌルした粘液を分泌しているのです。

ちなみに、ウナギとよく似た形のドジョウは腸で呼吸をすることができます。口から酸素を吸ってお尻からオナラのように二酸化炭素を出します。

ニホンウナギ

大きさ・全長60〜80cmほど。

好物・天然のウナギは、小魚、甲殻類、貝類、昆虫など。養殖のウナギは、魚粉などでできた専用のエサを食べている。

豆知識・ウロコがないように見えるが、実は皮膚の下に細かいウロコが埋まっている。

問題7

ペンギンの卵をゆで卵にすると白身は何色になる？

①透明
②黒色
③青色

答え

①透明

　南大西洋の南西部にあるフォークランド諸島では、昔、ペンギンの卵をよく食べていたそうです。今でも限られた種類のペンギンの卵は、許可をとれば食べることができます。

　ペンギンの卵の白身は、ゆでたあとも透明で、濃い黄色の黄身が透けて見えます。味はクセがなくておいしいそうです。ペンギンは1年に2個くらいしか卵を産まないので、貴重な高級食材です。

ジェンツーペンギン

大きさ・体長75〜90cmほど、体重は5〜8.5kgほど。
好物・イワシ、アジなどの魚。
豆知識・現在、ペンギンは空を飛べないが、大昔は飛べた。

問題8

トビウオは最長でどのくらい飛ぶことができる？

① 4メートル
② 40メートル
③ 400メートル

答え

③400メートル

トビウオは飛距離もすごいですが、スピードや高さもなかなかのものです。時速60キロメートル、高さ1.2メートルで飛行し、水中でスピードを上げて尾びれで水面を蹴り、胸びれをグライダーのように広げて飛びます。

トビウオはこの飛ぶ力を、天敵から逃げるために身につけました。飛ぶために体を軽くしなければいけないため、トビウオには胃がなく、腸も短いそうです。

トビウオ

大きさ・全長35cm前後。大きいものは50cmにもなる。

好物・オキアミなど海中にいる動物プランクトン。

豆知識・お寿司のネタの「とびっこ」はトビウオの卵。料理に使う「あごだし」はトビウオのだし。

問題9

前に歩くカニもいる。〇か×か？

カニといえば、横歩きのイメージがありますが、実は、ゆっくりですが、前に進むカニも存在します。

身が甘くてカニみそもおいしいケガニも前に歩くことができるカニの一種です。

また、横向きにしか歩かない普通のカニでも、目が回ると前向きに歩くことがあります。

目が回るとフラフラとしてしまう人間と一緒ですね。

ケガニ

大きさ・甲羅のサイズ10cm前後。

好物・漁をする場合イカをエサにすることが多い。ほか、甲殻類、貝類など。

豆知識・日本名は「ケブカガニ」、西洋では「テディベア・クラブ」と呼ばれるカニはケガニより毛深い。

問題10

「シラス」といえば普通なんの赤ちゃん？

①イワシ
②サバ
③マグロ

答え ①イワシ

イワシだけではなく、ウナギやニシンなど白色や透明の体をした魚の赤ちゃんを「シラス」と呼ぶこともありますが、一般的にシラスとして売られているのはイワシの赤ちゃんです。

シラスより大きくてイワシより小さいものを「カエリ」と呼びます。

シラスの容器の中には、たまに小さなエビやタコの赤ちゃんが入っていることがあります。かわいいので、よく観察して探してみてくださいね。

マイワシ

大きさ・全長10cm前後＝「小羽」、15cm前後＝「中羽」、20cm前後＝「大羽」と呼ぶ。

好物・幼魚時代は動物性プランクトンを食べるが、成長すると植物性プランクトンを食べる。

豆知識・にぼし、めざし、アンチョビ、ちりめんじゃこもイワシである。

問題11

タコの心臓はいくつあるでしょう？

①1つ
②2つ
③3つ

8本の足（腕）を持ち、宇宙人のような姿をしたタコですが、体の中はさらに不思議です。猛スピードで動くため、心臓が3つあるというのです。

さらに脳は9つあるというから驚きです。脳が多いのは、8本の足を自在に操るためだといわれています。タコはこの足で、道具を使ったりビンを開けたりすることができます。

また、タコの口は足の間にありますが、味は吸盤で感じているそうです。

マダコ

大きさ・体長は足（腕）を含め60cm前後。

好物・甲殻類や二枚貝。

豆知識・タコの足は、正確には6本が腕で2本が足。敵に襲われたときは手足を自ら切り離して逃げるが、そのあとまた生えてくる。

問題12

イルカは住んでいる地域によって言葉が違う。

○か×か？

イルカは鳴き音を使って仲間とコミュニケーションをとることができる、とても賢いいきものです。人間以外で、お互いに名前で呼び合うことが確認された唯一のいきものでもあります。

とはいえ、地域によって言葉（鳴き音）が違うので、遠くの国のイルカ同士は会話をすることが難しいのだとか。同じ国の中にいるイルカでも遠くの地域では微妙に言葉の違いがあるため、「方言」ともいえそうですね。

バンドウイルカ

大きさ・体長2～4m、体重150～650kgほど。
好物・魚、イカ、カニなど。
豆知識・上下合わせて80～90本の歯があるが、エサは嚙まずに丸飲みする。

問題13

クマノミのオスとメスの見分け方は？

ディズニー映画『ファインディング・ニモ』のニモだね！

答え　大きさ

クマノミは群れを作って生活する魚で、生まれたときはオスでもメスでもありません。群れの中で一番大きな魚がメスになり、二番目に大きい魚がオスになって結婚します。

メスが死んでしまうとオスだった魚がメスに変わり、三番目に大きかった魚がオスになります。

つまり映画のニモにはまだ性別がなく、ニモのお父さんはしばらくするとお母さんになる……ということです。

カクレクマノミ

大きさ・全長8cm前後。
好物・藻や動物性＆植物性プランクトンなど。
豆知識・日本のディズニーの公式サイトには「ニモ＝カクレクマノミ」と書いてあるが、「クラウン・アネモネフィッシュではないか？」ともいわれている。

ヒントは「何度でも」じゃ

問題14

ベニクラゲのすごい特徴とはなんでしょう？

フワリ
フワリ

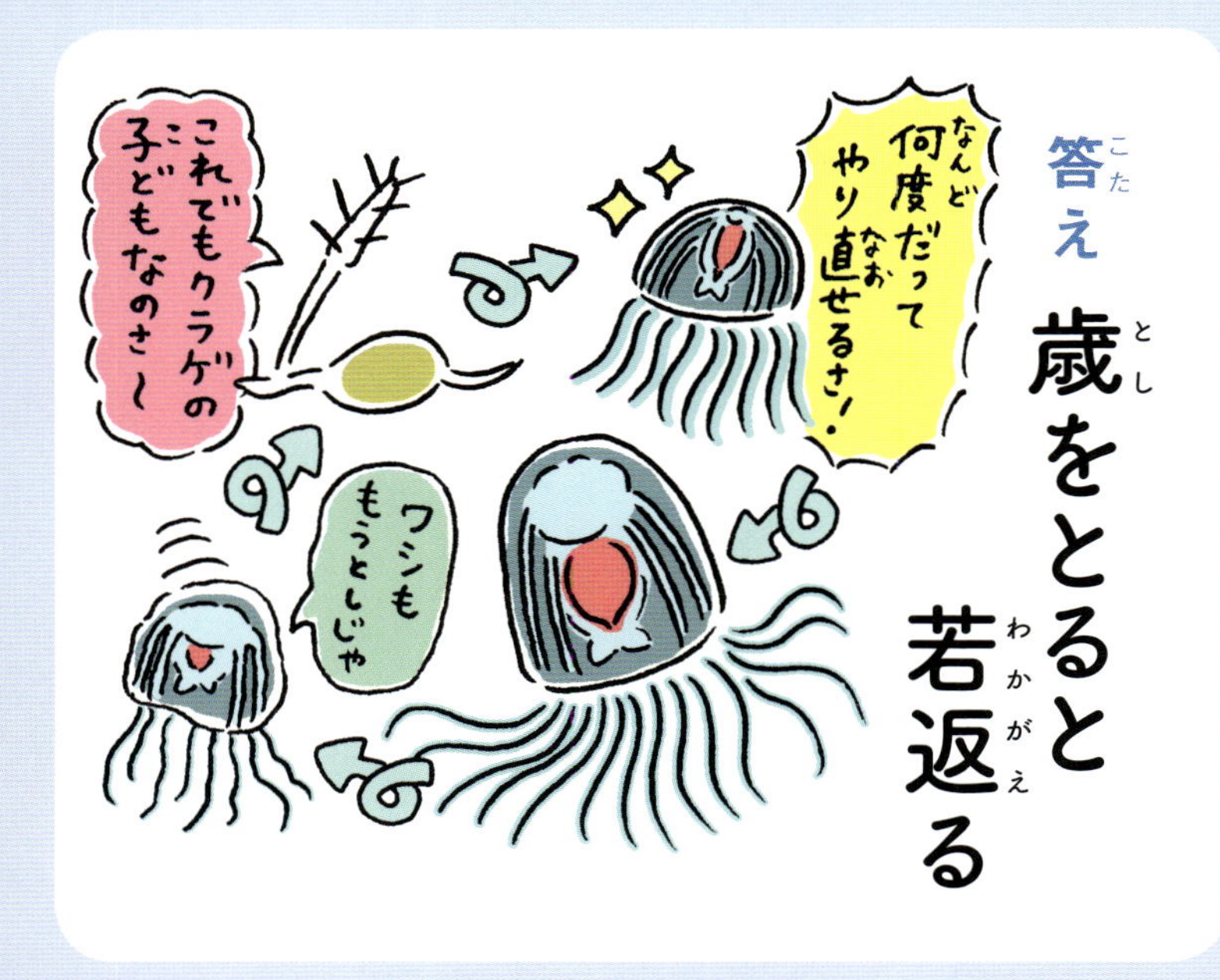

答え 歳をとると若返る

ベニクラゲは4～10ミリ程度の小さなクラゲです。

普通のクラゲは子孫を残すと死んでしまいますが、ベニクラゲは子どもの状態に戻り、何度も人生（クラゲ生？）を繰り返すことができます。

ベニクラゲの若返りのメカニズムは、まだ解明されていませんが、もしもその秘密が明らかになったら、私たち人間の未来も大きく変わるかもしれませんね。

ベニクラゲ

好物・動物性プランクトン。
豆知識・若返るので寿命はないが、ほかの生き物に食べられてしまうとさすがに死んでしまう。

問題15

水族館のラッコの多くは寝るときに仲間とあることをします。それはなんでしょう？

答え 手をつなぐ

野生のラッコは眠るときに、波に流されないように大きな海藻を体に巻きつけて眠ります。水族館では巻きつける海藻がないので、不安になって手をつなぐラッコが多いのではないかと考えられています。

ラッコが両手を目に当てる仕草もかわいくて有名です。世界一毛深い動物といわれているラッコですが、手には毛が生えていないため、冷えた手のひらを目に当てて温めているのです。

ラッコ

大きさ・体長55～130cmほど、体重15～45kgほど。
好物・貝やカニ、ウニなど。
豆知識・石を使って貝のからを割ったりできる。サルの仲間以外で道具を使えるいきものは珍しい。

問題16

タツノオトシゴだけではなくタツノイトコやタツノハトコも存在する。◯か×か？

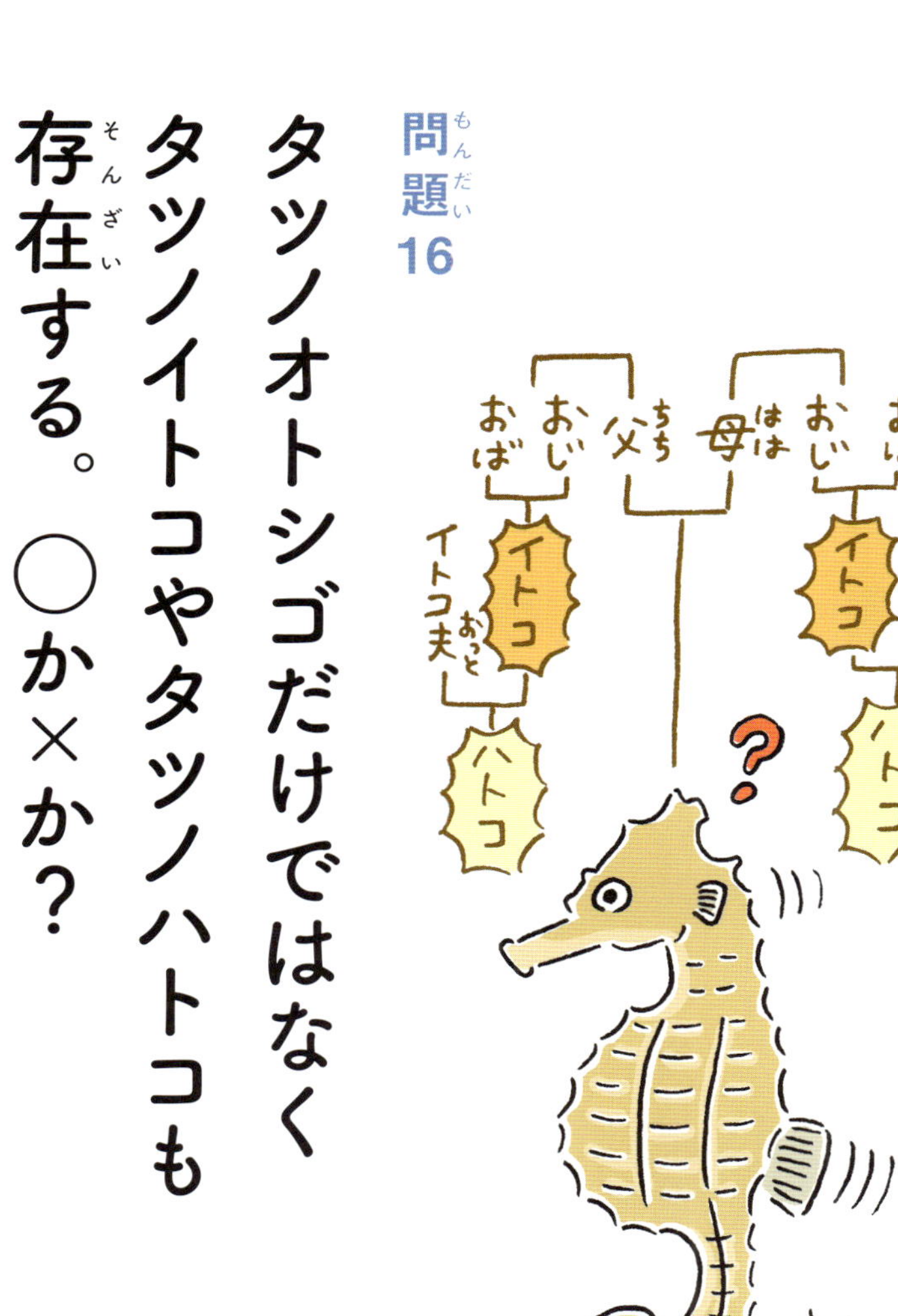

タツノイトコとタツノハトコは、タツノオトシゴをまっすぐ伸ばしたような姿をしています。タツノオトシゴは変わった姿をしていますが、れっきとした魚です。その見た目から英語では「海の馬」を意味する「シーホース」という名前がつけられています。

タツノオトシゴは、オスのお腹にある袋にメスが卵を産み、赤ちゃんが誕生するまでオスが育てることで有名です。

タツノオトシゴ

大きさ・全長8〜10cmほど。
好物・魚の卵や小魚、甲殻類、動物性プランクトンなど。
豆知識・昔はムシの仲間だと思われていたので、19世紀のムシの図鑑に載っていたらしい。

問題17

クジラやイルカは頭から超音波を出して会話します。超音波を発する器官の名前はなんでしょう？

①メロン器官
②バナナ器官
③リンゴ器官

答え ①メロン器官

イルカやクジラの仲間は超音波で会話したり、獲物の位置を探ることができます。そのときに超音波が集中する場所がこのメロン器官です。

メロン器官は、脂肪の詰まった器官で、まだ完全には解明されていません。

とくにメロン器官が発達しているのがシロイルカです。出っ張っているように見えるおでこにメロン器官が入っています。シロイルカはメロン器官の形を自在に変えることができます。

シロイルカ

大きさ・体長約４～５ｍで、オスの方が大きい。

好物・ヒラメやカレイなどの魚、カニ、エビ、イカ、タコ。

豆知識・ほかのイルカのように、水上に飛び出してジャンプすることができない。

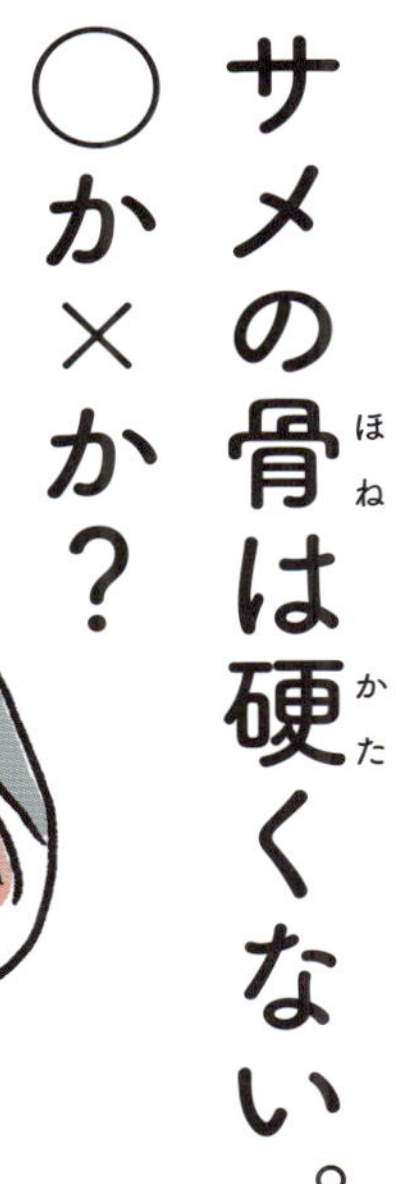

問題18
サメの骨は硬くない。○か×か？

凶暴なイメージとは反対に、サメは骨のやわらかい軟骨魚の仲間なので、脇腹に強い衝撃が加わると気絶してしまいます。そのため、シャチがホホジロザメに体当たりして狩りをするシーンも目撃されています。

また、軟骨魚は「歯が何度でも生え替わる」という特徴を持っています。歯がすり減ったり折れたりすると、ベルトコンベアのように後ろの歯が前に出てくるのです。

ホホジロザメ

大きさ・体長4～5m、体重は680～1100kgほど。
好物・アザラシやアシカ、エイなど。そうした獲物と間違えて人間のサーファーを襲うことも。
豆知識・1975年に公開された映画『ジョーズ』のモデルとしても有名。

水族館はどうだったかな？

ハイ、とっても楽しかったです！ でもぼく、水の中で暮らすことを想像して、ちょっと怖くなっちゃいました……。

ハハハ、犬は「犬かき」が得意じゃが、猫は泳ぎが苦手じゃからな。

あー、博士、バカにしてますね！

すまん、すまん。じゃあおわびに昆虫館に連れていってあげよう。ムシは好きじゃろ？

大好きです！　わーい！！

昆虫館クイズ

絵の中にチョウが
12匹かくれているよ。
どこにいるか
さがしてみてね！

答えは90ページ

いろんなムシたちが暮らしている昆虫館に到着したぞ。

わー、カブトムシやクワガタムシもいますね！ かっこいいなあ。

ムシたちにかんするクイズも出題するぞ。

がんばって考えるぞ〜！

48ページの答え

4ページの答え

88ページの答え

ちなみにアリは4匹、カタツムリは3匹、ハチは6匹いるよ。チョウ以外の虫も探してみてね！

問題1

カブトムシやクワガタムシに与えない方がいいエサはどれ？

①スイカ
②リンゴ
③バナナ

答え

①スイカ

スイカといえば、カブトムシやクワガタの大好物というイメージがありますが、実はエサとして適していません。水分が多いため、排泄物（フンとおしっこが混ざったもの）の量が増えて、飼育ケースの中が汚くなりやすいのです。また、栄養価の面からもあまりおすすめできません。とくに卵を産ませるときはタンパク質の多いエサ（高タンパクな昆虫ゼリーや牛肉の脂身など）を与えることをおすすめします。

ヤマトカブトムシ

大きさ・体長30〜50㎜ほど。巨大なものは80㎜を超えることも。

好物・自然界にいるものは、クヌギなど木の樹液。

豆知識・カブトムシは夜行性なので、捕まえる場合は夕方５時から夜10時か早朝４時から７時がおすすめ。

問題2

アブラゼミの名前の由来はなんでしょう？

答え 「ジジジジ……」という鳴き声が油で揚げる音に似ているから

セミの仲間は、ミンミンゼミやニイニイゼミ、ツクツクボウシなど、鳴き声がそのまま名前になることが多いですが、アブラゼミは鳴き声が直接名前になっていません。

「鳴き声が油で揚げる音に似ているから」という説以外に、「ハネが油紙を連想させるから」という説もあります。

ちなみにセミが地上に出てから1週間しか生きられないというのは間違いで、1カ月くらい生きるセミもいます。

アブラゼミ

大きさ・体長55mm前後。

好物・サクラやケヤキなど木の樹液。

豆知識・ほとんどのセミのハネは透明だが、アブラゼミのハネは不透明で茶褐色をしている。これは世界的に見ても珍しいことなのだとか。

問題3

ハエやカのハネの数はいくつ？

① 2つ
② 4つ
③ 6つ

学校では「昆虫はハネが4枚ある」と教わりますが、例外もあります。ハエやカ、アブなど一部の昆虫はハネが2枚しかなく、後ろのハネが「平均棍」と呼ばれる別の器官に変化しているのです。

一見、必要ないもののように見える平均棍ですが、これをとるとうまく飛べなくなってしまうため、飛ぶためのバランスをとる役割をしていると考えられています。

ヒトスジシマカ（ヤブカ）

大きさ・体長約4.5mm。

好物・吸血するのは産卵前のメスだけで、オスや普段のメスは花の蜜や果物の汁を吸う。

豆知識・カに刺されるとかゆくなるのは、カの唾液に対して人間がアレルギー反応を起こすから。

問題4

ホタルは成虫しか光らない。○か×か？

ホタルは主に成虫のオスがメスにアプローチするために光るのですが、卵、幼虫、サナギ、成虫……と一生を通して光を放ちます。光ることで「食べてもまずい」と敵に思わせる効果もあるようです。アメリカには、エサをおびき寄せるために光るホタルもいます。

ホタルは全て光るものと思われがちですが、実は光るホタルはほんの一部です。光らないホタルはにおいを出して仲間とコミュニケーションをとります。

ゲンジボタル

大きさ・体長15～20mmほど。

好物・幼虫のうちは「カワニナ」という巻貝を食べるが、成虫になると水しか飲まない。

豆知識・ホタルの光は、電球のように熱くはならない。

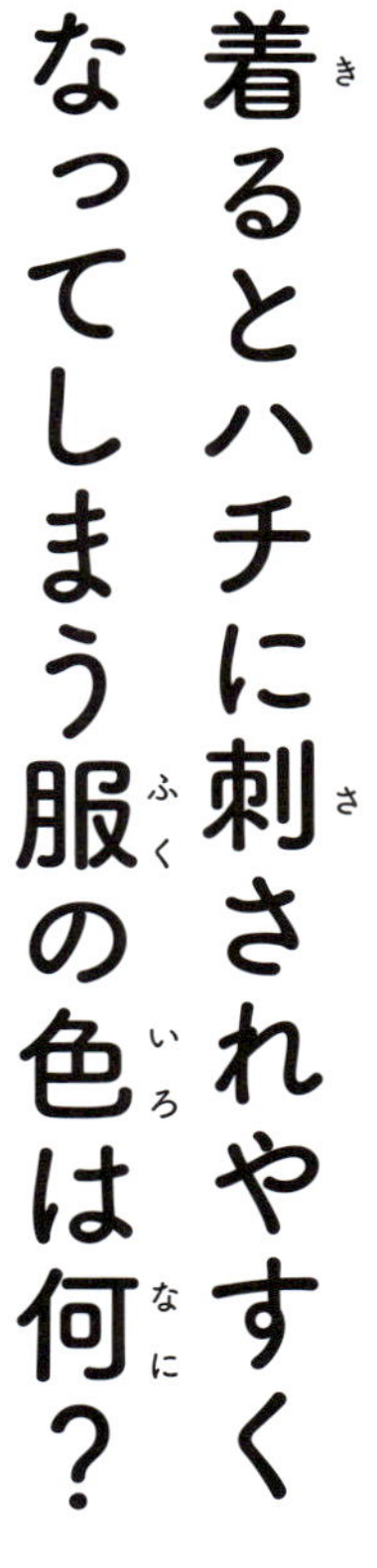

問題5

着るとハチに刺されやすくなってしまう服の色は何？

黒はハチの攻撃性を最も高める色です。「天敵であるクマに似ているため」とか「ハチが認識しやすい色だから」などの説があります。

最近、凶暴なスズメバチが都市に進出し、人間のゴミを食べて生活するケースが増えているので、山でなくてもスズメバチに出会ってしまうことがあるかもしれません。

そんなときは慌てずにゆっくりスズメバチから離れましょう。

スズメバチ

大きさ・働きバチで、体長18～40mmほど。
好物・成虫は木の樹液、花の蜜、果実などのほか、幼虫から17種類のアミノ酸が含まれた栄養価の高い分泌液をもらって飲んでいる。
豆知識・名前の由来は、「スズメくらい大きい」と「巣の模様がスズメに似ている」のふたつの説がある。

問題6

カメムシを袋に入れると自分が出したにおいで気絶することがある。

○か×か？

カメムシは敵から身を守るために前脚の付け根などにある「臭腺」からくさいにおいを出します。この成分に毒性があるので、小さな密封容器に入れたカメムシがにおいを発した場合、自分のにおいで気絶したり、死んでしまうことも！

また、カメムシ数匹を密封容器に入れて、そのうちの1匹がにおいを出してしまうと、仲間たちも「敵が近くにいる」という警告だと受けとってにおいを出し始め、みんな気絶してしまいます。

クサギカメムシ

大きさ・体長15mm前後。
好物・葉っぱや茎、果実の汁など。
豆知識・秋にカメムシが大量発生すると、冬の雪の量が増えるといわれている。

問題7

トノサマバッタはなぜ「トノサマ」と呼ばれる？

① 頭にちょんまげがついているから
② 昔の殿様が飼っていたから
③ 大きくて立派だから

答え

③ 大きくて立派だから

トノサマバッタは、オスよりメスの方が大きく、メスは5～6センチもあって、日本のバッタで最大です。ダイミョウバッタの別名もあります。

トノサマバッタは、ほかの多くのバッタとは異なり、脚力だけではなく、ハネを使って長距離を飛ぶこともできます。

バッタはみんな脚力が強く、1メートルもジャンプすることができるので、バッタの脚の構造を真似たロボットも作られています。

トノサマバッタ

好物・ススキや稲などイネ科の草。共食いすることもあるので、飼うときは金魚のエサやかつおぶしなどを与えて、トノサマバッタの「肉を食べたい欲」を抑えてあげよう。

豆知識・周りに仲間が少ないときには緑色に成長し、多いときには茶色に成長する。

問題8

カタツムリのからをはずすとナメクジになる。
○か×か？

よく似た姿のカタツムリとナメクジですが、カタツムリのからをはずしても、ナメクジにはならずに死んでしまいます。

ヤドカリの貝がらとは違い、カタツムリのからは体の一部なのです。カタツムリは小さなからを背負って生まれてきて、成長とともにからも大きくなります。

ちなみにカタツムリもナメクジもサザエやタニシのような巻貝の仲間です。

ミスジマイマイ

大きさ・からの高さ20㎜、からの直径36㎜ほど。
好物・葉やコケ、野菜くず、果物など。
豆知識・からを作るのに必要な炭酸カルシウムをとるためブロック塀やコンクリートを食べる。

問題9

「アメンボ」の名前の由来はどれ？

①雨の日によく現れるから

②飴のようなにおいがするから

③綿棒のように細いから

答え ②飴のようなにおいがするから

「体から甘いにおいのする棒」という意味から、「アメンボ」という名前になりました。

アメンボの脚先にはブラシのように細かい毛がたくさん生えています。さらに水を弾く物質を出しているので、アメンボは忍者のように水に浮くことができるのです。

水たまりなどで見かける虫ですが、海にもウミアメンボというアメンボの仲間が生息しています。

ナミアメンボ

大きさ・体長15mm前後。

好物・水面に落ちた昆虫。ストローのような口で体液を吸いとる。

豆知識・いつも水上にいるイメージだが、実は陸上にいる時間の方が長く、地面を歩くこともできる。

問題10

世界最小のクワガタムシであるマダラクワガタの大きさはどれくらい？

①5円玉の穴くらい（5ミリ）

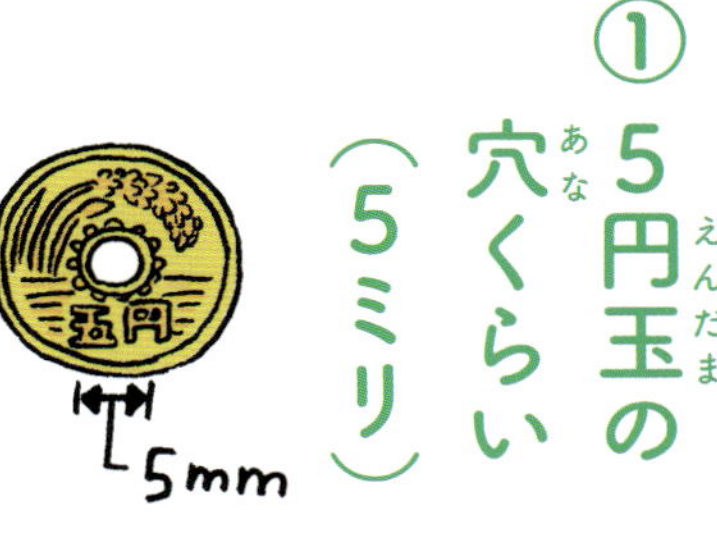

②1円玉くらい（2センチ）

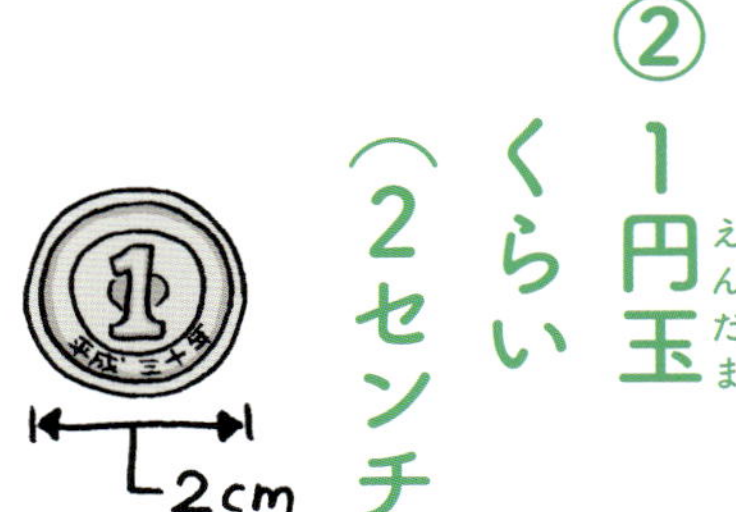

③小指くらい（5センチ）

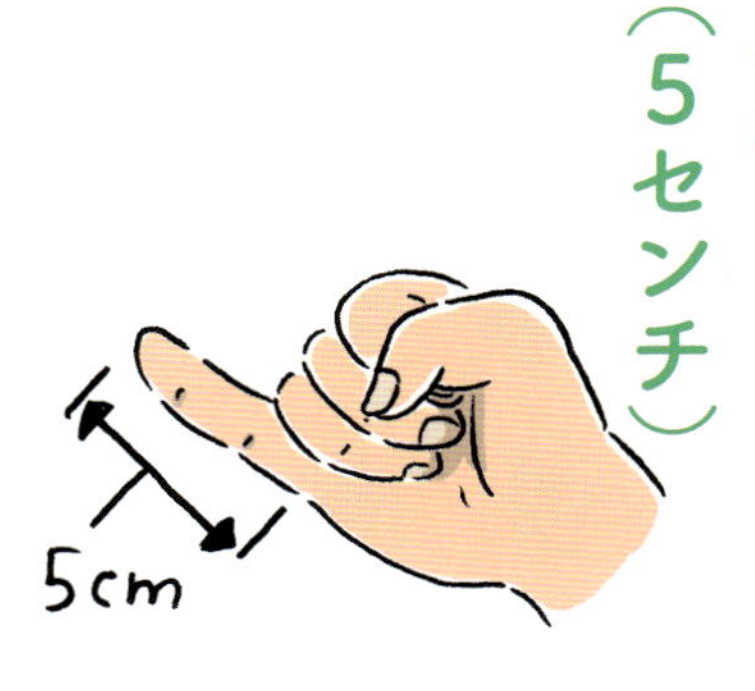

答え
①5円玉の穴くらい（5ミリ）

驚くほど小さいマダラクワガタですが、昆虫は1センチよりも小さいサイズのものの方が多いのです。

最も小さい昆虫（チャタテムシの卵寄生バチ）は、0・139ミリ程度といわれています。重さはなんと0・002ミリグラム。50万匹集めてようやく1円玉と同じ重さになります。

逆に、世界で一番大きいクワガタムシは、ギラファノコギリクワガタで、12センチを超えることもあります。

マダラクワガタ

好物・成虫が何を食べているかは明らかになっていない。水分しかとっていない可能性もある。

豆知識・幼虫はブナ、カツラなどの倒れた木の中で集団生活をしているところを見つかることが多い。

問題11

クモに飲ませると酔っ払う飲み物はなんでしょう？

答え コーヒー

クモは正確には昆虫ではなく、鋏角類といういきものです。クモは糸を吐いて、精密で美しい巣を編み上げることで知られています。しかし、コーヒーを飲ませると、カフェインという成分の影響でフラフラと動き回って、巣の形がデタラメになってしまうのです。

このことは、アメリカ人のピーター・ウィットさんがペットのキレアミグモにコーヒーを飲ませて発見し、ほかのクモでも同じ結果となりました。

ヤマキレアミグモ

大きさ・体長5〜8mmほど。

好物・クモの巣にかかった生きた虫。

豆知識・高山地域の山小屋、廃屋、岩場などに、円形の一部が切れて欠けている「切れ網」を張る。

問題12

アリは油性マジックペンで囲むと動けなくなる。

○か×か。

今度やってみよう

地面の中に巣を作って暮らしているアリは、暗い場所に慣れているため、目があまりよくありません。なので、仲間の出すフェロモンやにおいを頼りに生活しています。

視力の代わりに嗅ぐ力が優れているアリは、油性マジックペンの強いにおいを避けようとして、囲んだ線から出られなくなるのです。しばらくしてマジックのにおいが消えたら、また線の外に出られるようになります。

アシナガアリ

大きさ・体長3.5～8mmほど。
好物・花の蜜や昆虫など。
豆知識・ほかの種類も含め、アリは高いところから落ちても死なない。

問題13

アリはハチの仲間ですが シロアリはなんの仲間でしょう？

見た目は全く似ていませんが、シロアリはアリではなく、ゴキブリの仲間です。

アリとシロアリは姿だけではなく、女王を中心とした社会を築く生態もよく似ていますが、たまたま似てしまっただけなのです。シロアリの女王はとても長生きで（寿命が10年以上！）、体長も15ミリと、ほかのシロアリ（5ミリ前後）よりずっと大きいです。

働きアリはメスだけですが、働きシロアリはオスもメスもいます。

ヤマトシロアリ

大きさ・働きシロアリの体長は4～6mm前後。

好物・やわらかい木材。プラスチックや発泡スチロールも食べる。

豆知識・シロアリを紙の上に置いてボールペンで線を引くと、その線に沿って歩く。

問題14

コオロギは脚 チョウやガの幼虫は体の毛 セミはお腹で 感じるものは なんでしょう？

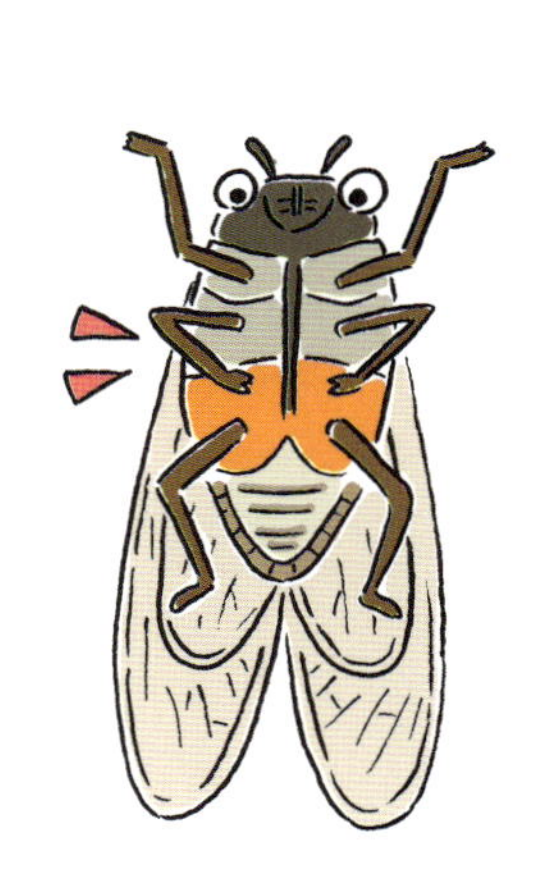

人間は耳で音を聞きますが、多くの昆虫には耳がなく、体に生えている細かい毛や触覚などを使って音の大きさや方向を知ります。

セミやコオロギ、スズムシなど、音でコミュニケーションをとる「鳴く虫」には鼓膜がありますが、その場所は、お腹や脚など様々です。

音に敏感な昆虫の中には、仲間と集まるためだけではなく、音を聞いて天敵から逃げるものもいます。

エンマコオロギ

大きさ・体長25～35mmほど。
好物・草、昆虫の死骸、野菜、かつおぶしなど。
豆知識・アメリカではコオロギを使った人間用の栄養補助食品がよく売れている。

問題15

ハエやチョウはどこで味を感じるでしょう？

答え
脚

ハエやチョウの前脚の先には、人間の舌のように味を感じる器官があります。人間ほど繊細な味の違いを感じることはできませんが、脚を使って「食べていいもの」と「食べてはいけないもの」を判断しています。

チョウは脚で味を確かめて、幼虫が食べられる植物に卵を産みますし、ハエが前脚を擦り合わせて手を洗うような仕草をするのは、味を感じる大切な器官を清潔に保つためなのです。

イエバエ

大きさ・体長10mm前後。
好物・動物のフン、動植物の死骸、生ゴミ、花の蜜など。
豆知識・ハエは、卵から1～3日でウジムシになり、4～10日でサナギになり、4～10日で成虫になる。

問題16

クモの糸は同じ太さの鋼鉄と比べてどのくらい強い？

①半分の強さ
②同じくらいの強さ
③5倍の強さ

頼りなく見えるクモの糸ですが、実はとても強いのです。よく伸びて熱にも強いので人間の生活に生かせないか研究が進められています。

クモの巣はベタベタと獲物の虫を絡めとりますが、クモが自分の出した糸にくっついてしまうことはありません。

なぜかというと、クモの巣は「ベタベタの横糸」と「くっつかない縦糸」でできていて、クモは縦糸を伝って移動するからです。

クモの糸

豆知識・クモの糸の研究家である大崎茂芳先生が、1本の弦につき15000本のオオジョロウグモの糸を使ったバイオリンを作って弾いてみたら、きれいな音で演奏することができた。

問題17

チョウは道を覚えることができる。○か×か？

昆虫にも記憶力があり、エサの場所などを覚えることができます。

いくつかのチョウには「蝶道」と呼ばれるお気に入りの散歩ルートのようなものがあり、いつも大体決まったルートを飛んでいます。

最も長い距離を移動するチョウは「オオカバマダラ」で、なんとカナダから3800キロ離れたメキシコまで飛んで冬を越し、春になるとまたカナダを目指して飛ぶものもいます。

オオカバマダラ

大きさ・ハネを広げたサイズ50㎜ほど。

好物・花の蜜。幼虫は「トウワタ」という植物。

豆知識・メキシコからカナダに帰ってくるのは、カナダから飛び立ったオオカバマダラ本人ではなく、その子孫。

問題18

セミがびっくりしたときにお尻から出す液体は人間のおしっこと同じ成分である。

○か×か？

答え ×

セミを捕まえようとして「おしっこをかけられたことがある」という人もいるのではないでしょうか？ あれはセミが樹液を吸って栄養をとったあとの余分な水分です。正確にいうと「薄くなった樹液」で、人間のおしっこのようにアンモニアは入っていません。毒素もなく、ほとんど水なので、万が一かけられてもあまり気にしなくて大丈夫です。

「飛ぶときに体を軽くするために水分を出している」という説もあります。

ミンミンゼミ

大きさ・体長33〜36㎜ほど。

好物・サクラなどの樹液。

豆知識・日本のミンミンゼミの鳴き声は「ミーンミンミンミンミー」だが、韓国では「ミンミンミンミー」と鳴く。